艺术设计与实践

室内设计

手绘效果图快速表现

陈路石 陈利亚 编著

清华大学出版社
北京

内 容 简 介

《室内设计手绘效果图快速表现》共6章，内容涵盖手绘效果表现的历史、发展和前景、手绘表现的学习方法、室内手绘常用到的透视、手绘效果单体和组合线描的绘制方法和技巧，手绘效果单体和组合色彩的绘制方法和技巧，家具手绘平面立面图的绘制方法以及餐厅、客厅、卧室、酒店大厅、图书馆等不同空间类型绘制方法。

本书可以作为国内各高校、高职高专院校的环境艺术、建筑设计、园林规划、室内设计、产品设计等相关专业学生的专业教材，也可以作为广大设计师、设计行业从业者学习手绘技法的参考用书。

图书在版编目（CIP）数据

室内设计手绘效果图快速表现/陈路石，陈利亚编著. —北京：清华大学出版社，2015（2016.6 重印）
（艺术设计与实践）
ISBN　978-7-302-37551-7

Ⅰ.①室…　Ⅱ.①陈…　②陈…　Ⅲ.①室内装饰设计—建筑构图—绘画技法　Ⅳ.①TU204

中国版本图书馆CIP数据核字（2014）第174648号

责任编辑：陈绿春
封面设计：潘国文
责任校对：胡伟民
责任印制：何　芊

出版发行：清华大学出版社
　　　　　网　　　址：http://www.tup.com.cn，http://www.wqbook.com
　　　　　地　　　址：北京清华大学学研大厦A座　　　　　邮　　　编：100084
　　　　　社 总 机：010-62770175　　　　　　　　　　　邮　　　购：010-62786544
　　　　　投稿与读者服务：010-62776969，c-service@tup.tsinghua.edu.cn
　　　　　质量反馈：010-62772015，zhiliang@tup.tsinghua.edu.cn
印 装 者：北京密云胶印厂
经　　销：全国新华书店
开　　本：185mm×260mm　　　印　张：8　　　字　数：220千字
版　　次：2015年3月第1版　　　　　　　　　　印　次：2016年6月第2次印刷
印　　数：3501～5500
定　　价：39.00 元

产品编号：053086-01

前言
PREFACE

　　环境艺术设计发展至今，手绘效果表现已越来越被社会所广泛接受。使用手绘的方式可以最快最简便的记录创作灵感，且不受时间、地点、工具的限制，而且便于修改和增删。作为设计表现形式的一种，手绘效果表现已经慢慢成为设计师必备的基本技能之一。在科技高速发展的今天，手绘以其独特的艺术魅力，仍然受到很多设计师的青睐。

　　手绘效果表现不仅仅是一门设计艺术，也是一门绘画艺术，所以在学习手绘效果表现的过程中，不仅仅可以培养设计思想，还能提高欣赏水平，一幅好的手绘效果图，包括了透视、比例、形体、空间、配色等各方面的搭配和关系处理。对于培养自身的空间比例感，色彩搭配等都有很大的帮助。

　　本书定位明确，主要内容包括手绘基本工具及其应用，透视基本原理及应用，马克笔上色基本技法，以及马克笔手绘在室内设计中的应用。针对马克笔手绘表现的特点，介绍了马克笔表现手法技巧在相关设计行业中的应用，并通过典型案例，大量精美范例，由浅入深地向读者提供了直观化的理论支持和实践指导。本书理论结合实践，内容丰富，知识性强，结构清晰，图文并茂地介绍了手绘技法和应用，内容紧紧围绕实际设计案例，强调了实用性、突出实例性、注重操作性，使初学者能够学以致用。

在学习中如果遇到技术性问题请发送邮件至作者的邮箱 364680722@qq.com，作者会及时协助进行解决。

参与本书编写还有李倩颖、秦浠莲、宋小飞、郑红、杨庆、郑缨、马振宇、贺映梅、王瑶、薛惠、陈路遥、陈福强、叶诚、郑明燕、张彦华、陈利康、周利娟、刘文裕、彭国平、陈玲薇、李淑艳、王席琼、李良周、周琼芬。

作者

目 录
CONTENTS

第3章

第4章

第5章

第6章

第1章

室内手绘效果图
表现概况

1.1 室内手绘效果图表现历史

追溯室内手绘效果的表现历史，可以说是伴随建筑的发展而产生的，从建筑产生以来就出现了以描绘建筑为题材的绘画作品，可以认为，最早的室内手绘就起源于这类题材的绘画上。虽然"手绘效果图"并没有归入美术史的范畴，但是室内手绘效果图作为一种独立的绘画类型，也有它的个性和特点，下面我们以中国和西方为分支来简要介绍室内效果图的表现历史。

1.1.1 中国手绘效果图表现史

在中国古代，以建筑为内容的绘画表现形式很多，以房屋造型铸造的青铜器具上的图案、春秋末期出土的漆器上的漆画，以及汉代的石砖上出现的以室内为题材的绘画图案都可作为中国早期的建筑描绘作品。到了五代时期，建筑绘画已经成为一个独立的画种，到了宋代，以建筑和建筑环境为主的绘画已经较为成熟，家喻户晓的张择端的《清明上河图》可作为这一时期的代表。张择端具有高度的艺术概括力，使《清明上河图》达到了很高的艺术水准。画中规模宏大的建筑，都是空前的，从宁静的郊区一直画到热闹的城内街市，处处引人入胜。画中的建筑，主要以线描的形式进行体现。建筑的有序布局和结构体现了中国古代建筑类题材绘画的最高水平。在明清以后的绘画作品中，也有许多涉及到建筑和室内环境的内容，多以人物和动物形象进行搭配，如图1-1～图1-4所示。

图1-1 建筑样式的青铜器

图1-2 建筑图案汉砖拓

图1-3 张择端的《清明上河图》

图 1-4　明清绘画

1.1.2　西方手绘效果图表现史

　　西方的手绘表现图也是随着时代的发展而产生的。在文艺复兴时期，随着科学的发展，在古希腊、古罗马出现了以建筑设计为生的设计师，他们已经在设计中开始运用透视原理，设计也开始借助绘画的形式加以表达，他们的作品可作为早期的手绘表现图。

　　到了 15 世纪后期，建筑设计已经开始使用透视学原理来表现空间层次。一些意大利建筑师，开始在设计图中使用透视原理来绘制。在 19 世纪后期，新艺术运动中，出现了以弗兰克·莱特、勒·柯布西耶为代表的现代主义建筑大师，在他们的设计手稿中出现了大量的建筑和室内表现图，由此展现了手绘效果图在建筑表现设计中的重要性，如图 1-5、图 1-6 所示。

图 1-5　建筑手稿1

图 1-6　建筑手稿2

1.1.3　现代手绘效果图发展

　　进入 20 世纪 80 年代，建筑业已经有了飞速发展，室内设计手绘效果图已经成为了建筑和室内装修行业的重要表现手段。

20世纪90年代后期，计算机的出现给室内设计行业带来了历史性的变革。目前计算机制图已经广泛应用在室内和室外等多种设计表现中，利用计算机准确而真实的视觉体验，可以更好地传达出设计师的设计意图，给观者构建出真实的空间效果，如图1-7所示由于计算机制图的直观真实特性，原创的手绘一度被很多设计师忽视。近年来，手绘作为设计师进行空间创意最简便的方式又逐渐被大家所重视。

图1-7 电脑建筑效果图

1.1.4 室内手绘效果图表现的重要意义

手绘效果图虽然不是一种纯粹的艺术品，但具备一定的艺术魅力，在设计上，要便于同行或者客户理解。手绘效果图是空间形态、比例、尺度、界面颜色、材料质感及光感的综合表达。手绘效果图与纯绘画作品不同，它属于一种艺术和技术相结合的产物，需要设计师具备良好的绘画基础，同时需要一定的想象能力和手绘表现能力，如图1-8、图1-9所示。

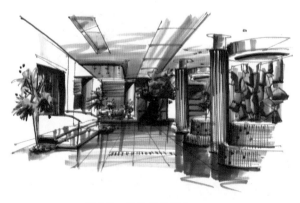

图1-8 手绘效果图1　　　　　　　　　图1-9 手绘效果图2

在设计教学中，加强手绘设计的训练，通过脑、眼、手和图形间的配合，有助于培养学生观察和分析问题的能力。在创造性思维能力方面，会给设计者带来更多的创意和灵感。

手绘是为设计而服务的。手绘与电脑表现同为设计师的表现技能，而电脑表现，更容易通过短期培训快速掌握。很多非专业人员通过短期的培训就可以进入设计公司工作，但在方案构思与创作过程中需要用手绘的方式进行表达，会更为深入，更为生动和便捷。电脑效果图则是设计效果的一种呈现，电脑渲染的精美效果往往与最终设计完成的现实效果有很大的出入，导致与客户需求有所差距；

设计师与客户现场沟通设计想法时，只用语言交流，客户很难理解，因为客户的空间思维相对较弱，这时手绘快速表现图就会非常有效。此时，手绘作为一种设计与沟通工具就显得尤为重要。

可以说，手绘设计是设计师从事建筑设计必备的一种"语言"，它又是建筑师在设计方案阶段中为了表达自己的设计构思所必备的一种技能，如图1-10所示。

图 1-10　手绘效果图 3

1.2　室内手绘效果图学习基础和方法

1.2.1　手绘效果图学习基础

在学习室内手绘效果图之前，需要先掌握一些相关的基础技能。包括素描、色彩、透视、工程图制作等。在进行室内手绘效果图训练的时候，要重视上述技能建立和培养，这对于以后学习手绘有着重要的影响。

1. 素描

素描简单的说就是使用线条描写的，不加彩色的绘画，素描是造型艺术的基础，是一种正式的艺术创作，它可以表达思想、概念、态度、感情、幻想、象征甚至抽象形式。学习素描不但可以解决造型的基础问题，还可以解决造型的特殊问题。例如造型的变化与统一问题，整体结构问题，观察、操作方式问题，概括美化问题，情感表达问题等等。可以说，素描是一种工具简单、表现丰富的造型形式，它可以完成从初级到高级的造型学习任务，因此，学习手绘效果图要从学习素描开始，如图1-11所示。

图 1-11　素描作品

2. 色彩

色彩是现代艺术设计的灵魂所在，并对人们的生理和心理有着很大的视觉影响力。通过系统的色彩表现训练，能够培养设计师组合搭配各类色彩的能力。

通过色彩能够增强画面的真实感，可以更加直观表现出设计者的意图。因此，在室内手绘效果图中色彩的重要性不言而喻。色彩这门基础学科近几年一直受到各界艺术设计院校的高度重视和推崇，通过系统全面的学习，掌握色彩的规律和设计要领，可以提高手绘效果图的设计和表现能力，如图1-12所示。

图 1-12　色彩作品

3. 透视学

透视学是属于绘画专业和设计专业的技法理论课程，是高等艺术院校学生必修课，也是成功的视觉艺术家必须掌握的基本知识。

"透视"（Perspective）一词来自拉丁文"Perspclre"，其含义就是透过透明的平面来观察、研究透视图形的发生原理、变化规律和图形画法。根据其原理绘制的图形如实表现了空间距离和准确的立体感，这就是物体的透视，如图1-13所示是丢勒的《画家画卧妇》木版画。

图 1-13　木版画

在室内手绘效果图中经常用到的有平行透视及成角透视，平行（一点）透视，可以全面表现室内整体效果；成角（二点）透视，一般用于表现室内局部空间，如图1-14所示。

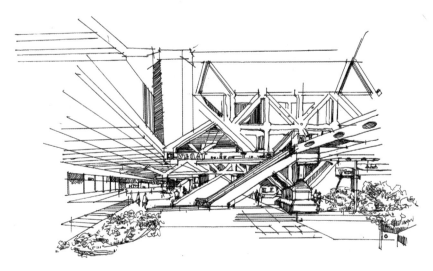

图 1-14　透视基础

4. 工程制图

工程制图在生产中是必不可少的，由于其反映的都是物体的真实尺寸，正确规范的绘制和阅读工程图是一名室内设计师必备的基本素质。工程制图有助于培养设计师的创造性思维及构思能力，是室内手绘效果图表现的基础，如图 1-15 所示。

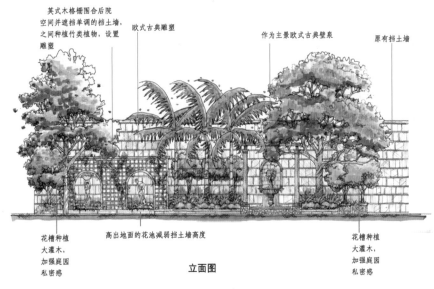

图 1-15　工程制图

1.2.2　手绘效果图的学习方法

1. 线条训练

线条是客观事物存在的一种外在形式，它制约着物体的表面形状，每一个存在着的物体都有自己的外沿轮廓形状，并呈现出一定线条组合。比如方形的桌子，长方形的柜子，它们有棱有角，有面有分界线；圆的球、圆形的柱子等有弧形的线条；树木有垂直线；河岸有曲线；生活中任何一样东西都有自己的形状和轮廓线条。物体的不同运动，也呈现出不同的线条组合，站立着的人和跑着的人，线条结构都不同。由于人们在长期的生活中，对各种物体的外沿线条轮廓及运动物体的线条变化有了深刻的印象和经验，所以反过来，通过一定线条的组合，人们便能联想到某种物体的形态和运动。因此，所有造型艺术都非常重视线条的概括力和表现力，它是造型艺术的重要语言。

线条有着它的速度变化，粗细变化，用笔轻重缓急的变化，排列节奏感的变化，如图 1-16 ～图 1-19 所示。

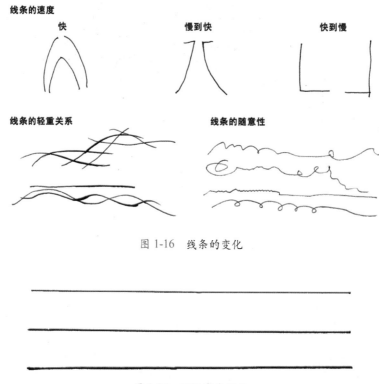

图 1-16　线条的变化

图 1-17　不同宽度线条

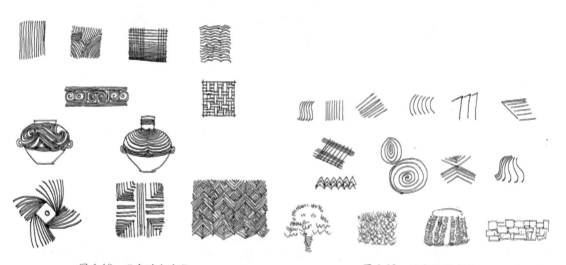

图 1-18　线条均匀变化　　　　图 1-19　线条排列变化

　　线条是最基本的造型元素。通过线条既可表现物体的外部轮廓和内部结构，也能描绘光影的明暗、不同的深浅色调的层次，还可以表达出物体表面质感、肌理的差异。通过线条可以概括出对象的体积和面，反映出物体的主线条，如图 1-20 和图 1-21 所示。

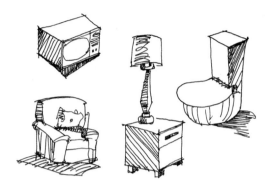

图 1-20　线条排列变化　　　　　　　　　　　　　　　图 1-21　线条光影变化

　　线条表现坚硬物体时，用线要挺拔、有力度，用直线比较多；表现柔软的物体，用线要柔韧，富有变化，用曲线比较多，如图 1-22 ～图 1-25 所示。

图 1-22　线条表现柔软效果 1　　　　　　　　　　　　图 1-23　线条表现柔软效果 2

图 1-24　线条表现硬的效果 1　　　　　　　　　　　　图 1-25　线条表现硬的效果 2

　　使用线条可以表现出物体的质感，比如使用木材纹理代表木制品，以布的花纹代表布料材质，以大理石的纹理代表石材，以玻璃表面的反光表现玻璃，等等。使用这些形象识别感很强的符号化语言让人能够清晰的了解所代表的物体，如图 1-26 ～图 1-30 所示。

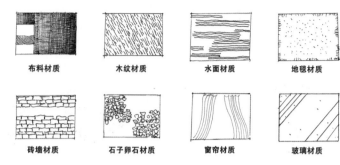

图 1-26　各种材质表现

瓷砖材质

地毯材质

图 1-27　瓷砖材质

图 1-28　地毯材质

木纹材质

竹藤材质

图 1-29　木纹材质

图 1-30　竹藤材质

1. 作品临摹

临摹具有代表性的草图、线描、淡彩等，可以把握对线条的表现力并且提高观察能力，如图 1-31 所示。

原图

临摹图

图 1-31　作品临摹

2. 对图速写

选择优秀的室内设计作品实景照片，将照片中的内容按照要求简化、提炼，快速绘制成手绘效果图，就是对图速写，如图 1-32 所示。

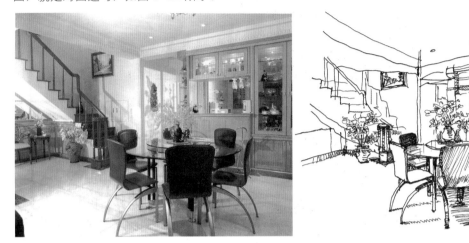

图 1-32　对图速写

3. 现场速写

现场速写训练对提高设计师的观察能力、提高审美修养，保持创作激情、迅速、准确地表达构思是十分有益的；现场速写还能培养绘画概括能力，使我们能在短暂的时间内画出对象的特征；还可以为创作收集大量素材；还能快速提高对形象的记忆能力和默写能力，如图 1-33 所示。

图 1-33　现场速写

4. 默写创作

根据不同的设计命题，以默写创作的方式，表达、绘制出草图，最终表现成品，这是一种增强记忆和对形体的理解很好的学习方法，如图 1-34 所示。

图 1-34　默写创作

1.3　室内手绘效果图的工具选择

要画好手绘效果图，除了需要掌握美术基础技能外，好的工具也是关键，"工欲善其事，必先利其器"，手绘效果图表现的工具分为以下几种：

1.3.1　笔

1. 马克笔

马克笔是"Marker"的音译，又叫麦克笔。是当前设计表现中最主要的绘图工具之一，通常用来进行快速表达设计构思，以及设计效果图之用。马克笔的特点是颜色纯而不腻，着色简便，笔触干脆清晰，表现力强。马克笔的型号比较齐全，在使用时不必频繁的调色，就能将设计师的创意快速在纸上进行表达。另外，马克笔色彩干湿变化不大，在绘制之前能够基本预知着色后的效果，设计师能够把握画面各个阶段的效果，如图 1-35 所示。

马克笔分为油性、水性和酒精三种。

油性马克笔的特点是色彩柔和，笔触优雅自然，容易融合，色彩均匀，还具有一定的覆盖力和穿透力，耐水性强，不仅可以在任何纸张上使用，还可以在其他材料上使用，缺点是初学者难以驾驭，需多加练习才行。油性马克笔气味比较重，市面常见的品牌有 AD、PRISMA 等，如图 1-36 所示。

图 1-35　马克笔

图 1-36　油性马克笔

酒精性质的马克笔效果和油性马克笔比较接近，也具备一定的覆盖力，但它的挥发性很强，因此在长时间的作画过程中，用笔停顿的时间不应该太久。在画完一种颜色后，应该立即将笔帽盖好，以免颜料挥发。常见的品牌有 Z/G、TOUCH、STA 等。

水性马克笔的特点是色彩比较亮丽、透明感较好，笔触界线清晰，可以和水彩笔结合使用获得淡彩的效果。缺点是重叠笔触会造成画面脏乱，如图 1-37 所示。

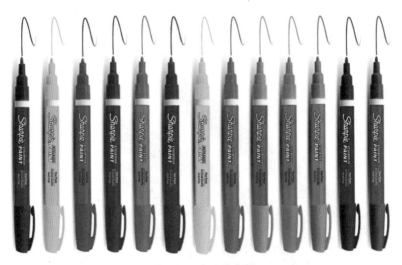

图 1-37　水性马克笔

另外，油性酒精马克笔的特性是颜色能溶于酒精，在马克笔干了或者颜色画完了可以添加酒精让其颜色挥发或稀释后继续使用，水性马克笔只能添加补充液。

马克笔总共有 200 多个色系。一般选用 50 支左右就能够满足一般需求。在每支马克笔上都有标签，由英文字母（或缩写）或数字组成，如：G002 表示绿色（green）002 号。根据麦克笔的色彩种类，可以分为彩色和灰色 2 大系列，彩色又分为蓝色、绿色、红色、棕色系列等。

在效果图表现中，灰色是最为常用的，因为灰色与其他颜色比较好搭配。灰色包含 5 个系列，每个系列有 9 个号，最常用的有 3 个系列。即：CG（中性灰色系）、WG（暖灰色系）、BG（冷灰色系）。彩色系列注意少买颜色太纯过于鲜艳的颜色，否则在绘画中不好掌握，如图 1-38 为室内手绘表现效果最常用的颜色。

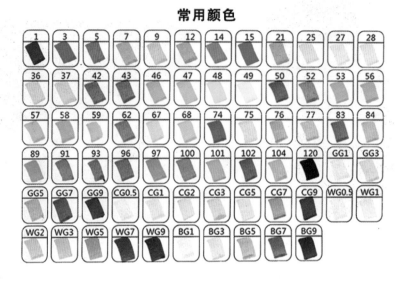

图 1-38　水性马克笔

2. 针管笔

针管笔是绘制图纸的基本工具之一，型号较多，能绘制出均匀一致的线条。笔身是钢笔状，笔头是长约 2cm 的中空钢制圆环，里面包含了一条活动细钢针，针管管径有 0.1、0.2、0.3、0.4、0.5、0.6 等不同型号，针管管径大小决定了所绘线条的粗细。上下摆动针管笔，能及时清除堵塞笔头的纸纤维，如图 1-39 所示。

图 1-39　针管笔

3. 彩色铅笔

　　彩色铅笔是一种非常容易掌握的涂色工具，如图 1-40 所示，外观和画面效果都类似于铅笔，颜色多种多样，画出的效果较淡，清新简单，容易被橡皮擦去。分为油性和水溶性两种。油性铅笔颜色不溶于水，蜡质较重。水溶性笔涂色后可以用水抹，可以表现水彩效果。

图 1-40　彩色铅笔

4. 涂改液

　　涂改液又称"改正液"、"修正液"、"改写液"，是一种白色不透明颜料，可以用来修饰或者修改画面，常用来表现高光效果，如图 1-41 所示。

图 1-41　涂改液

1.3.2　纸

　　复印纸：购买方便，价格便宜，纸面光滑，呈半透明状，吸水性较差。

　　马克笔专用纸：手绘效果图的最佳选择，价格较高。两面都比较光滑，都可以上色，可以长时间保存不会变黄，颜色多层绘制不会产生渗透，色彩还原性较好。

　　白报纸：价格便宜，纸面较粗糙，吸水性较强，适于各种马克笔。

　　水彩纸：纸张厚实，纹理较粗（可使用质地相对平滑的反面），吸水性强。

　　卡纸：表面光滑，吸水性能差，容易保持色泽的纯度。

　　有色纸：色纸规格比较多，色系质地差距较大，主要应该选择灰色为主的色调，这样可以避免画面中饱和度过高的问题，容易使画面色彩和谐统一。作画时，可配合彩色铅笔辅助，使画面色彩统一。由于纸张有颜色，颜色叠加之后会产生新的色彩，可能最终效果与预期效果有所差距。

　　硫酸纸：表面光滑，耐水性差，沾水会起皱，质地透明，易拷贝。色彩可在纸的正反面互涂，会达到特殊的效果，适于油性马克笔。

　　拷贝纸：纸张很薄，质地较差，耐水性差，沾水会起皱，透明易拷贝，不便于反复作画。适于快速构思草图，寥寥几笔，配合彩色铅笔，会达到特殊效果。

1.3.3　其他工具

　　手绘效果图还需要直尺、铅笔、丁字尺、三角尺、曲线版、水彩颜料等。

课后练习

- 手绘效果图的工具有哪些？
- 马克笔的使用方法和特点有哪些？
- 绘制各种线条 200 条（长线、短线、长短线结合；直线、斜线、曲线、弧线）。

第2章

手绘透视
概述

2.1 透视的原理

透视是绘画专业和设计专业的技法理论课程，是高等艺术院校学生的必修课。要画好手绘效果图，正确的掌握透视原理，将物体和空间正确的表现在画面上非常重要，运用了透视法绘制的《最后的晚餐》，如图 2-1 所示。

图 2-1　《最后的晚餐》

最初研究透视是采取通过一块透明的平面去看景物的方法，将所见景物准确描画在这块平面上，也就是景物的透视图。后来人们把在平面画幅上根据一定原理，用线条来显示物体的空间位置、轮廓和投影的科学称为透视学。

在研究透视规律时，必须在画者和被画景物之间设置一块假想的透视平面，要研究的千变万化的景物透视图形，都在这块透视的平面上，离开了这块平面，透视图形就失去了落脚场所，如图 2-2 所示。

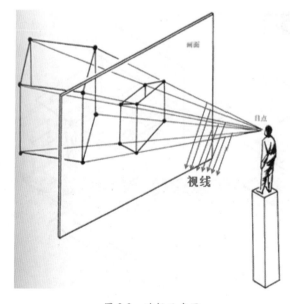

图 2-2　透视示意图

视平线：在两眼前假设有一条水平线，称之为视平线。站的越高，视平线也就越高。如果蹲下，这时候视平线也随之降低。

视点（目点）：也叫视心、心点、焦点，即画者眼睛的位置，以一点表示。

视线：视点和物体之间的连接线。

视域：人眼睛所见的空间范围，该范围是眼睛向外大约呈 60° 的圆锥形。

2.1.1　一点（平行）透视

物体的两组线，一组平行于画面，另一组垂直于画面，聚集于一个消失点，也称平行透视。一点透视表现范围广，纵深感强，适合表现庄重、严肃的室内空间，如图 2-3 和图 2-4 所示。

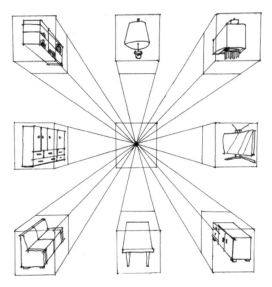

图 2-3　平行透视 1

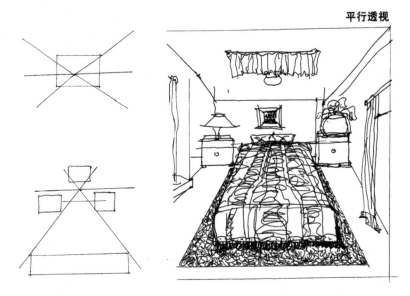

图 2-4　平行透视 2

2.1.2　二点（成角）透视

物体有一组垂直线与画面平行，其他两组线均与画面成一定角度，每组有一个消失点，共有两个消失点（也叫余点，它分布在心点的两侧的视平线上，分为左余点和右余点），也称成角透视。二点透视画面效果比较自由、活泼，能比较真实地反映空间，广泛应用在卧室、卫生间、玄关等小空间的表现中，如图 2-5 和图 2-6 所示。

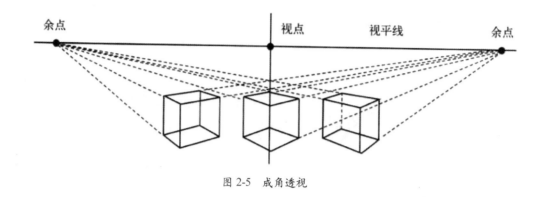

图 2-5　成角透视

成角透视

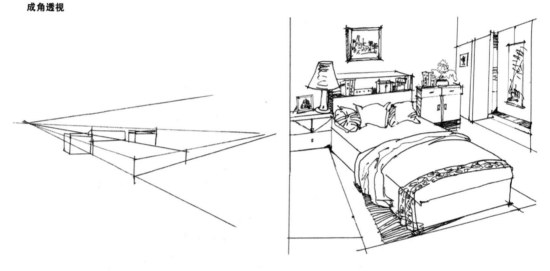

图 2-6　成角透视案例

2.1.3　三点（斜角）透视

　　物体的三组线均与画面成一定角度，三组线消失于三个消失点，也称斜角透视。三点透视包含仰视和俯视透视，多用于高层建筑物、建筑群、城市规划、景观鸟瞰图等，如图 2-7 和图 2-8 所示。

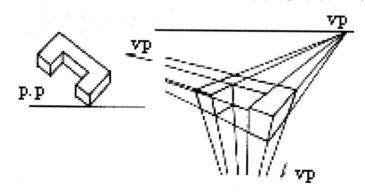

图 2-7　斜角透视

图 2-8　斜角透视案例

2.2　构图对视平线位置的选择

视平线可以决定画面的透视斜度，当画面高于视平线时，透视线向下倾斜，画面低于视平线时，透视线向上倾斜。视平线的高低会对画面产生微妙的效果，下面分别举例讲解介绍。

2.2.1　视平线居中

视平线在人物的胸部到头部一带。可以同时表现空间各面，画面比较平均，构图相对均衡，可以给人以身临其境的感觉，如图 2-9 所示。

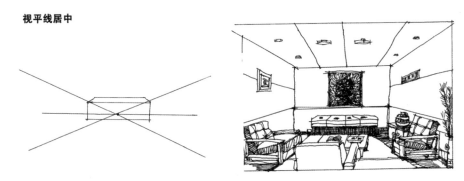

图 2-9　视平线居中

2.2.2　视平线偏高

视平线在人物的头部以上，视平线高会使视野开阔，描绘的物体（如地板）更多地展现在人们面前，可以重点表现地板、家具等，如图 2-10 所示。

视平线偏高

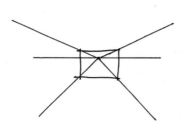

图 2-10　视平线偏高

2.2.3　视平线偏低

视平线在人物的腹部以下，或处于地面一带，造成画面上对大部分物体的仰视效果。可以很好表现顶面的设计，比如：吊顶、灯具等，突出空间层次，适合表现比较高的空间，如图 2-11 所示。

视平线偏低

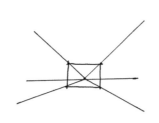

图 2-11　视平线偏低

2.3　构图对视点位置的选择

2.3.1　视点居中

视点居中，画面呈现对称的效果，适合表现稳定、严肃、正式的场合，如图 2-12 所示。

视点居中

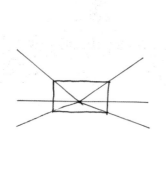
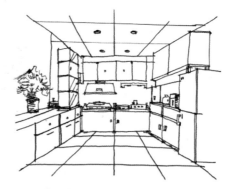

图 2-12　视点居中

2.3.2　视点偏左（右）

　　视点在左边或者右边可以分割画面的主次。视点偏左边或右边，可以表现轻松、非正式的场面，主要突出画面左边或右边的场面，如图 2-13、图 2-14 所示。

视点偏左

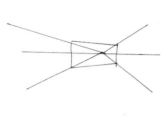
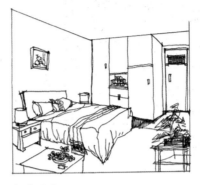

图 2-13　视点偏左

视点偏右

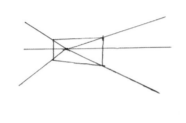

图 2-14　视点偏右

2.4　透视空间的选择

　　主体的物体要考虑在空间的主要位置。以表现卫生间为例，先确定主体物，然后再画次要的物体，如图 2-15 所示。

确定主体物

图 2-15　画的主次

　　在室内家具中有许多不对称的组合，往往为了在视觉上达到平衡的感觉。需要在较轻的一端摆放某些物体以求得平衡。在手绘构图上可采用点缀植物或者装饰物处理空间，如图 2-16 所示。

图 2-16　画面的平衡

■ 分别简述平行透视、成角透视、斜角透视的概念。
■ 分别利用平行透视和成角透视绘制室内物体线稿。

第3章

单体家具陈设与
组合线描训练

3.1 单体家具陈设线描手绘练习

与普通绘画相比，手绘效果图需要严谨的形体造型，不能随意夸张和变形，在作画的时候要严格的遵照表现物体的尺寸、比例。这些都需要画者具备较强的造型能力，可以通过绘制单体家具和陈设来进行这方面的训练。

单体家具和陈设是室内空间的重要组成部分，单体家具和陈设的绘制水平直接影响到室内控制表现的效果，是效果图手绘表现的重点。

在绘制单体家具和陈设练习的时候，首先要仔细进行观察，抓住物体的主要特征，先勾出物体的主要结构线，尽量不要用太多的辅助工具。线条用笔要肯定、流畅，要注意物体的透视关系。

刚开始学习手绘的时候，可以从简单的家具单体开始练习，先勾画出物体的轮廓，再添加局部细节。

3.1.1 单体沙发线描步骤分解

以下是单体沙发线描的绘制步骤，如图 3-1 ~ 图 3-5 所示。

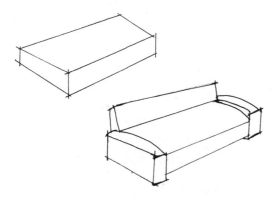

图 3-1 单体沙发线描步骤 1

图 3-2 单体沙发线描步骤 2

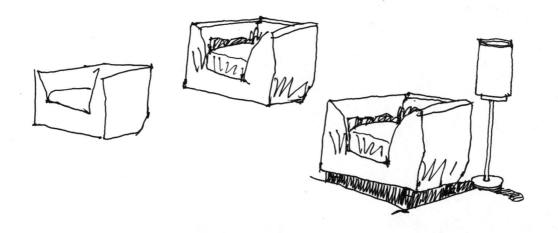

图 3-3 单体沙发线描步骤 3

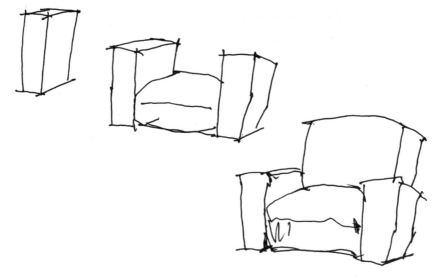

图 3-4　单体沙发线描步骤 4

图 3-5　单体沙发线描步骤 5

3.1.2　单体床线描步骤分解

以下是单体床线描的绘制，如图 3-6 ～图 3-8 所示。

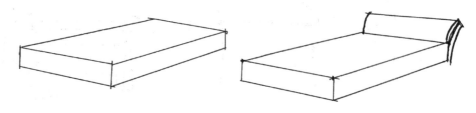

图 3-6　单体床线描步骤 1

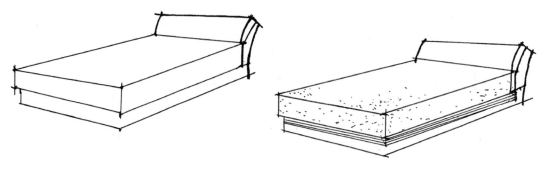

图 3-7　单体床线描步骤 2

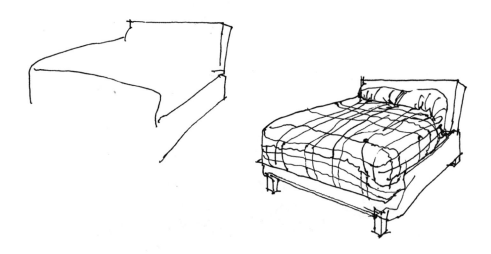

图 3-8　单体床线描步骤 3

3.1.3　单体椅子线描步骤分解

以下是单体椅子线描的绘制，如图 3-9 ～图 3-13 所示。

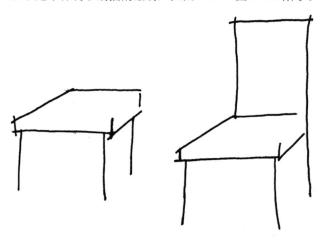

图 3-9　单体椅子线描步骤 1

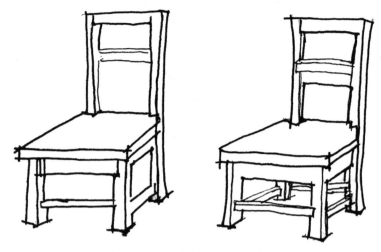

图 3-10　单体椅子线描步骤 2

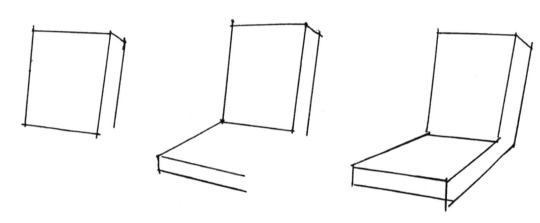

图 3-11　单体椅子线描步骤 3

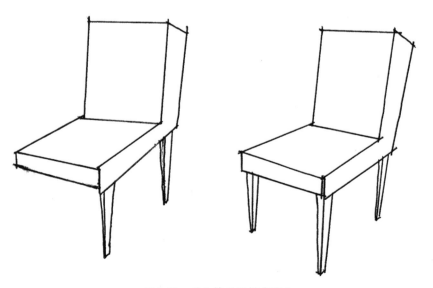

图 3-12　单体椅子线描步骤 4

图 3-13 单体椅子线描步骤 5

3.1.4 单体柜子线描步骤分解

以下是单体柜子线描的绘制，如图 3-14 所示。

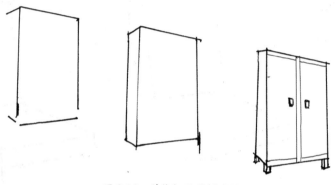

图 3-14 单体柜子线描步骤

3.1.5 单体家具与陈设实例

以下是座椅、沙发手绘练习，如图 3-15～图 3-24 所示。

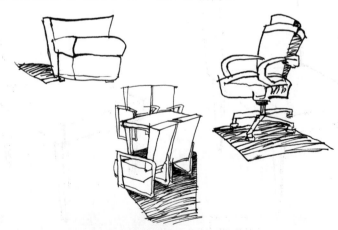

图 3-15 座椅、沙发手绘 1

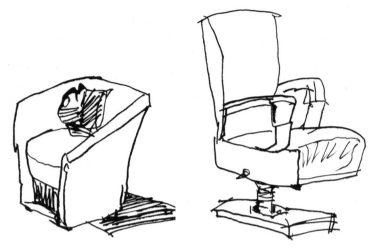

图 3-16　座椅、沙发手绘 2

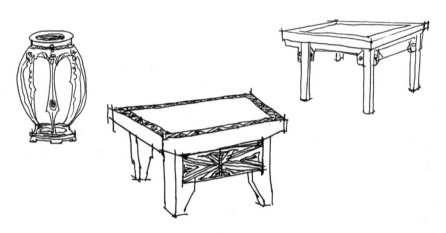

图 3-17　座椅、沙发手绘 3

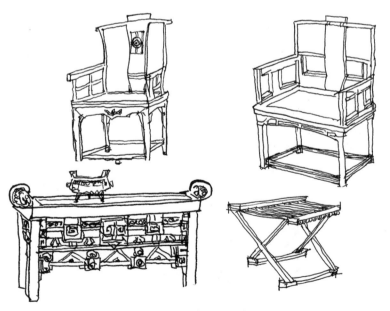

图 3-18　座椅、沙发手绘 4

图 3-19　座椅、沙发手绘 5

图 3-20　座椅、沙发手绘 6

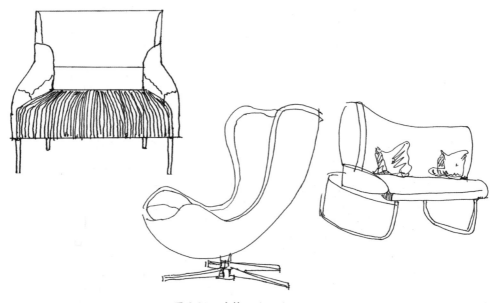

图 3-21　座椅、沙发手绘 7

图 3-22　座椅、沙发手绘 8

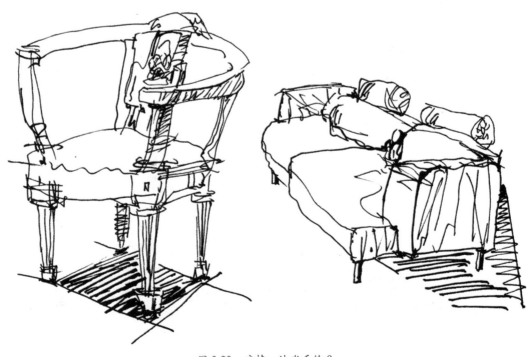

图 3-23　座椅、沙发手绘 9

图 3-24　座椅、沙发手绘 10

柜子手绘练习，如图 3-25 ～图 3-26 所示。

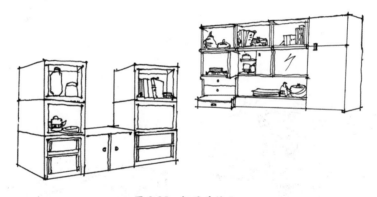

图 3-25　柜子手绘 1

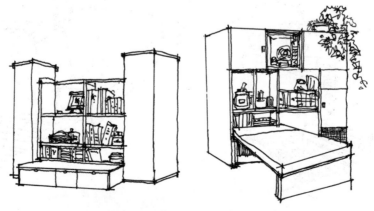

图 3-26　柜子手绘 2

卫生洁具手绘练习，如图 3-27 和图 3-28 所示。

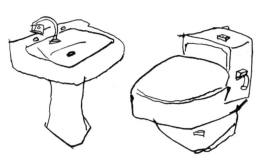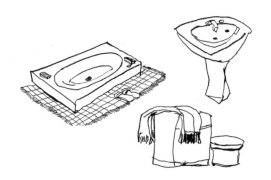

图 3-27　卫生洁具手绘 1　　　　　　　　　　图 3-28　卫生洁具手绘 2

床的手绘练习，如图 3-29 和图 3-30 所示。

图 3-29　床的手绘 1

图 3-30　床的手绘 2

灯具手绘练习，如图3-31～图3-34所示。

图 3-31　灯具手绘 1

图 3-32　灯具手绘 2

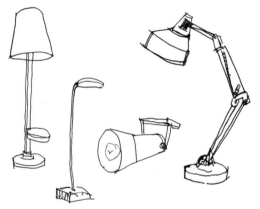

图 3-33　灯具手绘 3

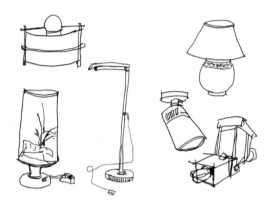

图 3-34　灯具手绘 4

植物盆栽手绘练习，如图3-35～图3-39所示。

图 3-35　植物盆栽手绘 1

图 3-36　植物盆栽手绘 2

图 3-37　植物盆栽手绘 3

图 3-38　植物盆栽手绘 4

图 3-39　植物盆栽手绘 5

3.2　家具陈设组合线描手绘实例

　　在画家具陈设组合练习的时候，要注意物体间的搭配，注重画面的构图优美和透视关系的准确，如图 3-40～图 3-52 所示。

图 3-40　家具陈设组合手绘实例 1

图 3-41　家具陈设组合手绘实例 2

图 3-42　家具陈设组合手绘实例 3

图 3-43　家具陈设组合手绘实例 4

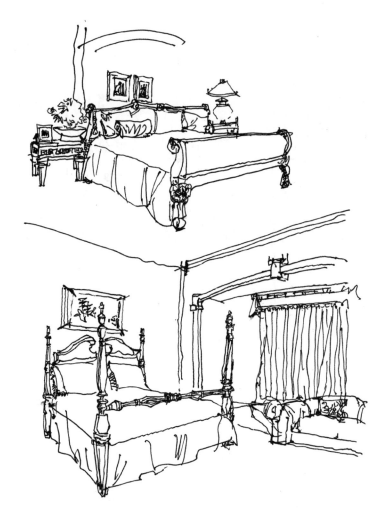

图 3-44　家具陈设组合手绘实例 5

图 3-45　家具陈设组合手绘实例 6

图 3-46 家具陈设组合手绘实例 7

图 3-47 家具陈设组合手绘实例 8

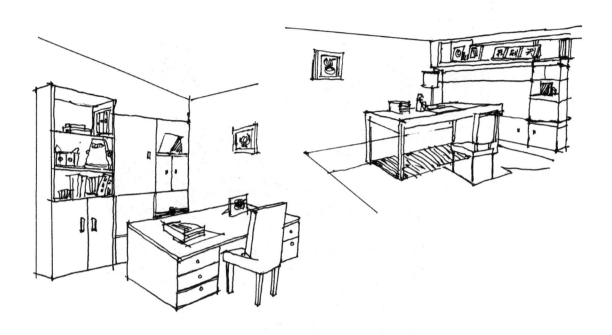

图 3-48　家具陈设组合手绘实例 9

图 3-49　家具陈设组合手绘实例 10

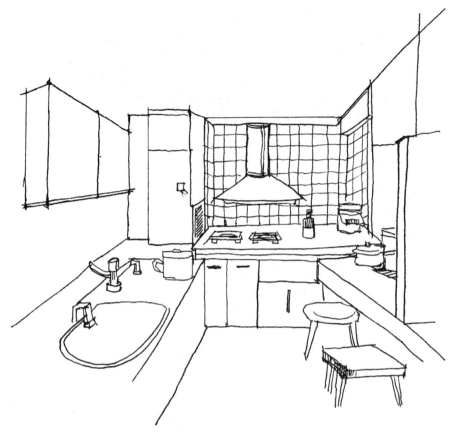

图 3-50　家具陈设组合手绘实例 11

图 3-51　家具陈设组合手绘实例 12

图 3-52　家具陈设组合手绘实例 13

图 3-53　家具陈设组合手绘实例 14

■ 绘制各种款式的室内陈设线稿，并且分别表现出各自的特点。

■ 绘制各种家具陈设组合线稿，注意空间透视在画面中的运用。

第4章

单体家具陈设与组合色彩训练

4.1 单体家具陈设色彩手绘练习

4.1.1 马克笔上色特点

使用马克笔对效果图上色，要注意用色不要过多，颜色主要以固有色为主，用色要统一。首先用马克笔大致刻画出主要部分的明暗和色彩关系，要抓住物体的明暗交界线，用色要有整体感，如图4-1所示。

图 4-1 马克笔上色作品

图 4-2 马克笔上色作品

在初学马克笔上色的时候，由于马克笔不易修改的特性，在下笔前就要预先想好所要表现的效果，可以参照以下几点：

STEP01 先用冷灰色或暖灰色的马克笔将图中基本的明暗调子画出来。

STEP02 在绘制颜色的过程中，重复用笔的次数不要过多。在第一遍颜色干透后，再进行第二遍上色，而且要准确、快速。否则色彩会渗出而形成混浊之状，而没有了马克笔透明和干净的特点。

STEP03 灵活使用马克笔表现时，笔触大多以排线为主，所以有规律地组织线条的方向和疏密，有利于形成统一的画面风格。可运用排笔、点笔、跳笔、晕化、留白等方法。

STEP04 马克笔没有很强的覆盖性，淡色无法覆盖深色。所以，在给效果图上色的过程中，应该先上浅色而后覆盖较深的颜色。并且要注意色彩之间的相互和谐，忌用过于鲜亮的颜色，应以中性色调为宜。

STEP05 单纯的运用马克笔，难免会留下不足。所以，应与彩铅、水彩等工具结合使用。有时用酒精作再次调和，画面上会出现特殊的效果，如图 4-3、图 4-4 所示。

 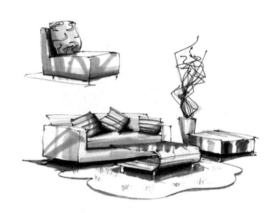

图 4-3　马克笔上色效果 1　　　　图 4-4　马克笔上色效果 2

4.1.2　使用马克笔表现物体材质

单体家具需要刻画物体的立体感，在作画的时候，需要抓住物体的明暗交界线，将物体的几个界面明确的表示出来，才能使物体呈现出立体感。

物体质感主要反映物体的外部特征，对区分物体的材质起了重要作用。由于各种材料表面对光线的反射能力不同，在作画上色的时候，需要针对材料的特点来表现质感，在绘制瓷砖、金属、玻璃或者光滑石材类材质的时候要注意表现出较强的反射效果；墙面、木材类材质反射效果较弱，不用特别进行强调；纸张、墙纸、织物类材质不会产生反射效果，如图 4-5 ～图 4-10 所示。

陶瓷材质　　　　　　　　　　**布料材质**

图 4-5　陶瓷材质上色效果　　　　图 4-6　布料材质上色效果

瓷砖材质

图 4-7　瓷砖材质上色效果

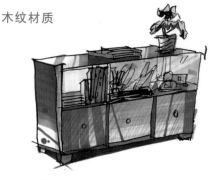

木纹材质

图 4-8　木纹材质上色效果 1

木纹材质

图 4-9　木纹材质上色效果 2

玻璃材质

图 4-10　玻璃材质上色效果

4.2　单体家具陈设线描手绘练习

家具的表现练习我们主要分为两个阶段：第一阶段先使用单色进行练习，使用灰色调来表现物体的色彩关系；第二阶段进行各种色彩的搭配练习，塑造单体家具的色彩关系。

初学手绘，可以先从一些简单的家具单体开始入手，作画的时候遵循先画整体轮廓，再画局部的步骤顺序。

4.2.1　单体沙发练习

1. 单人沙发 A 手绘上色步骤

STEP 01 先画出沙发的外轮廓，再逐渐画出沙发的细节，如图 4-11 所示。

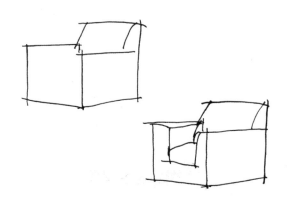

图 4-11　单人沙发 A 手绘上色步骤 1

STEP 02 ▶ 用马克笔给画好的沙发上色，如图 4–12 所示。

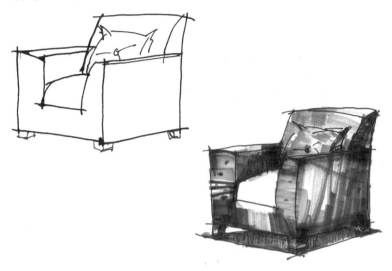

图 4-12　单人沙发 A 手绘上色步骤 2

2. 单人沙发 B、C 手绘上色步骤

STEP 01 ▶ 用马克笔给画好的沙发上色，要注意用笔的轻重，先铺大体色调，然后再进行深入的刻画。

图 4-13　单人沙发 B 手绘上色步骤 1

图 4-14　单人沙发 B 手绘上色步骤 2

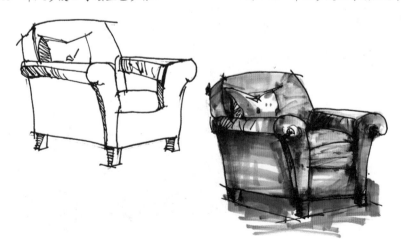

图 4-15　单人沙发 C 手绘上色步骤

3. 双人沙发手绘上色步骤

STEP01 勾勒出沙发的大体轮廓，然后对其进一步刻画细节，如图 4-16 所示。

图 4-16 双人沙发手绘上色步骤 1

STEP02 使用马克笔做出沙发的大体色调，然后对沙发的暗部进行加强，继续对细节部分进行深入刻画，如图 4-17 所示。

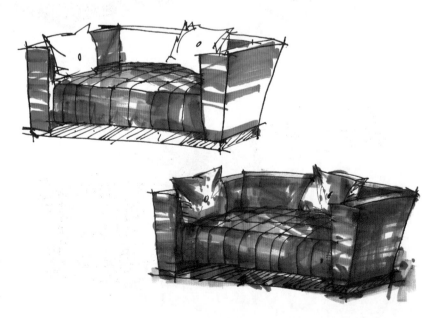

图 4-17 双人沙发手绘上色步骤 2

4.2.2 单体椅子练习

1.椅子手绘上色步骤

STEP 01 ▶ 首先勾勒出椅子的轮廓，从物体暗部入手，刻画出物体的阴影和背光面，如图 4-18 所示。

图 4-18 椅子手绘上色步骤 1

STEP 02 ▶ 绘制出椅子的受光面，进一步细化出椅子的细节，完成椅子的绘制，如图 4-19 所示。

图 4-19 椅子手绘上色步骤 2

STEP 03 ▶ 使用不同的色调绘制出各种椅子，如图 4-20 所示。

图 4-20 椅子手绘上色步骤 3

2. 其他椅子手绘上色步骤

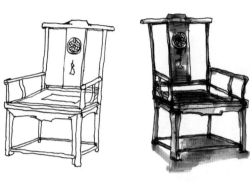

图 4-21　椅子手绘上色步骤 4　　　　　　图 4-22　椅子手绘上色步骤 5

图 4-23　椅子手绘上色步骤 6

4.2.3　单体植物练习

1. 植物 A 上色步骤

STEP 01 首先勾画出植物的轮廓，铺上大体的色调，如图 4-24 所示。

图 4-24　植物 A 手绘上色步骤 1

STEP 02▶ 进一步丰富画面色彩，加强暗部的色调，继续刻画细节，最终效果如图 4-25 所示。

图 4-25　植物 A 手绘上色步骤 2

2. 植物 B 上色步骤

STEP 01▶ 绘制完植物的轮廓后画出植物大体颜色，如图 4-26 所示。

图 4-26　植物 B 手绘上色步骤 1

STEP 02▶ 进一步对植物的暗部和细节进行绘制，如图 4-27 所示。

图 4-27　植物 B 手绘上色步骤 2

3. 植物 C 上色步骤

STEP01 勾画出植物的轮廓，如图 4-28 所示。

图 4-28　植物 C 手绘上色步骤 1

STEP02 给植物铺上大体的色调，然后继续添加更多的颜色，如图 4-29 所示。

图 4-29　植物 C 手绘上色步骤 2

STEP03 绘制出花的颜色，然后画出阴影和暗部细节，最终效果如图 4-30 所示。

图 4-30　植物 C 手绘上色步骤 3

4.2.4 单体家具陈设上色练习

如图 4-31 ～图 4-55 所示为单体家具陈设上色练习。

图 4-31 单体家具陈设上色练习 1

图 4-32 单体家具陈设上色练习 2

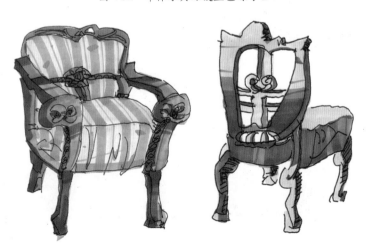

图 4-33 单体家具陈设上色练习 3

图 4-34　单体家具陈设上色练习 4

图 4-35　单体家具陈设上色练习 5

图 4-36　单体家具陈设上色练习 6

图 4-37　单体家具陈设上色练习 7

图 4-38　单体家具陈设上色练习 8

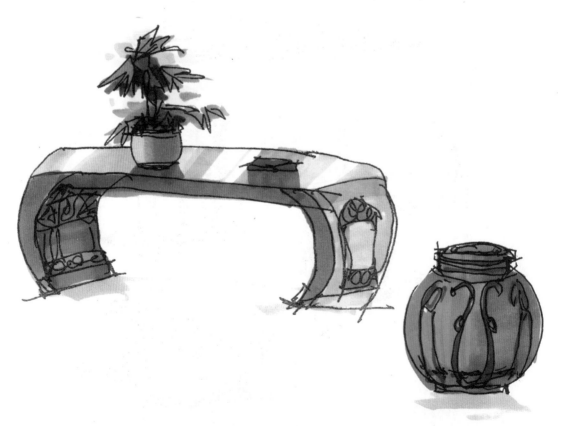

图 4-39　单体家具陈设上色练习 9

图 4-40　单体家具陈设上色练习 10

图 4-41　单体家具陈设上色练习 11

图 4-42　单体家具陈设上色练习 12　　　　　　　　　图 4-43　单体家具陈设上色练习 13

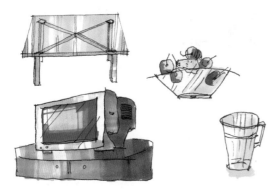

图 4-44　单体家具陈设上色练习 14　　　　　　　　　图 4-45　单体家具陈设上色练习 15

图 4-46　单体家具陈设上色练习 16

图 4-47　单体家具陈设上色练习 17

图 4-48　单体家具陈设上色练习 18

图 4-49　单体家具陈设上色练习 19

图 4-50　单体家具陈设上色练习 20

图 4-51　单体家具陈设上色练习 21

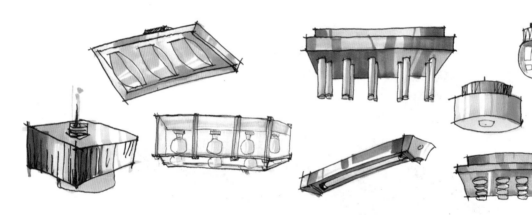

图 4-52　单体家具陈设上色练习 22　　　　　　　图 4-53　单体家具陈设上色练习 23

图 4-54　单体家具陈设上色练习 24

图 4-55　单体家具陈设上色练习 25

4.2.5　色彩的冷暖对比和色彩的调和运用

在室内手绘中常常运用冷暖对比来作画，但在色彩的基调上要有明确的指向和主次之分。

冷暖对比关系的构成可分为三大调：冷、中（灰）、暖。大面积的暖色基调再加小面积冷色，给人以暖的感觉；大面积冷色基调再加小面积暖色给人以冷的感觉；中间色调的构成一般都采用紫色系和黄绿色搭配，具有补色的性质，如图 4-56 ～图 4-59 所示。

图 4-56 冷暖对比和色彩的调和运用 1

图 4-57 冷暖对比和色彩的调和运用 2

图 4-58 冷暖对比和色彩的调和运用 3

图 4-59 冷暖对比和色彩的调和运用 4

4.3 家具陈设组合色彩手绘练习

4.3.1 餐桌组合色彩练习

组合相对单体的绘制难度要大些，在绘制过程中要注意整体的透视效果和相互间的关系。在作画的时候也是遵循先整体后局部、再整体的顺序。

1. 餐桌 A 手绘上色步骤

STEP 01 ▶ 将餐桌的线稿勾勒出来，如图 4-60 所示。

图 4-60 餐桌 A 上色练习 1

STEP 02 ▶ 使用蓝色和灰色绘制出茶几玻璃的效果，如图 4-61 所示。

图 4-61 餐桌 A 上色练习 2

STEP 03 ▶ 继续绘制椅子，然后绘制出投影，再继续添加细节，最终效果如图 4-62 所示。

图 4-62 餐桌 A 上色练习 3

2. 餐桌 B 手绘上色步骤

STEP 01 ▶ 将餐桌的线稿勾勒出来，如图 4-63 所示。

图 4-63　餐桌 B 色彩练习 1

STEP 02 ▶ 将绘制好线稿的餐桌进行上色，将餐桌表现完整，如图 4-64 所示。

图 4-64　餐桌 B 色彩练习 2

3. 餐桌 C 手绘上色步骤

STEP 01 ▶ 将餐桌的线稿勾勒出来，如图 4-65 所示。

图 4-65　餐桌 C 色彩练习 1

STEP 02 将绘制好线稿的餐桌进行上色，注意高光的位置，餐桌最终效果如图 4-66 所示。

图 4-66　餐桌 C 色彩练习 2

4. 餐桌 D 手绘上色步骤

STEP 01 将餐桌的线稿勾勒出来，如图 4-67 所示。

图 4-67　餐桌 D 色彩练习 1

STEP 02 将绘制好线稿的餐桌进行上色，餐桌最终效果如图 4-68 所示。

图 4-68　餐桌 D 色彩练习 2

5. 餐桌 E 手绘上色步骤

STEP01▶ 将餐桌的线稿勾勒出来，如图 4-69 所示。

图 4-69　餐桌 E 色彩练习 1

STEP02▶ 将绘制好线稿的餐桌进行上色，餐桌最终效果如图 4-70 所示。

图 4-70　餐桌 E 色彩练习 2

6. 餐桌 F 手绘上色步骤

STEP01▶ 将餐桌的线稿勾勒出来，如图 4-71 所示。

图 4-71　餐桌 F 色彩练习 1

STEP02▶ 将绘制好线稿的餐桌进行上色，餐桌最终效果如图 4-72 所示。

图 4-72　餐桌 F 色彩练习 2

7. 餐桌 G 手绘上色步骤

STEP01▶ 将餐桌的线稿勾勒出来，如图 4-73 所示。

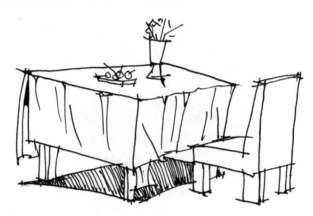

图 4-73　餐桌 G 色彩练习 1

STEP02▶ 将绘制好线稿的餐桌进行上色，餐桌最终效果如图 4-74 所示。

图 4-74　餐桌 G 色彩练习 2

4.3.2　电视柜组合色彩练习

STEP 01▶ 勾勒出电视柜线稿，如图 4-75 所示。

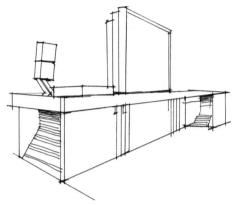

图 4-75　电视柜组合色彩练习 1

STEP 02▶ 从阴影部分着手，先画出电视柜的背光面，如图 4-76 所示。

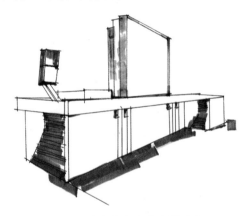

图 4-76　电视柜组合色彩练习 2

STEP 03▶ 继续绘制出其他部分的颜色，主要表现电视机屏幕和柜子材质反光的效果，如图 4-77 所示。

图 4-77　电视柜组合色彩练习 3

STEP 04 ▶ 继续绘制出电视柜的细节，最终效果如图 4-78 所示。

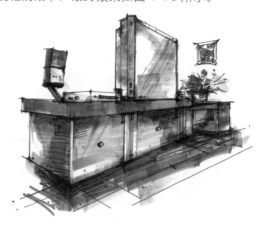

图 4-78　电视柜组合色彩练习 4

4.3.3　柜子组合色彩练习

1. 柜子 A 手绘上色步骤

STEP 01 ▶ 勾勒出柜子的线稿，如图 4-79 所示。

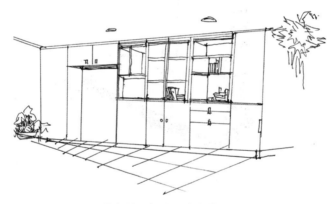

图 4-79　柜子 A 色彩练习 1

STEP 02 ▶ 将绘制好线稿的柜子进行上色，这里使用了两种不同的颜色进行上色，柜子最终效果如图 4-80 和图 4-81 所示。

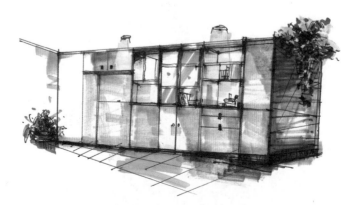

图 4-80　柜子 A 色彩练习 2

图 4-81　柜子 A 色彩练习 3

2. 柜子 B 手绘上色步骤

STEP 01 勾勒出柜子的线稿，如图 4-82 所示。

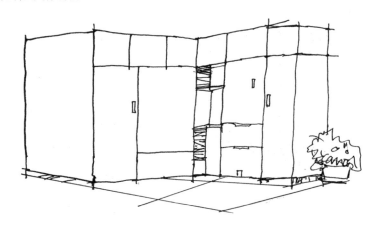

图 4-82　柜子 B 色彩练习 1

STEP 02 将绘制好线稿的柜子进行上色，柜子最终效果如图 4-83 所示。

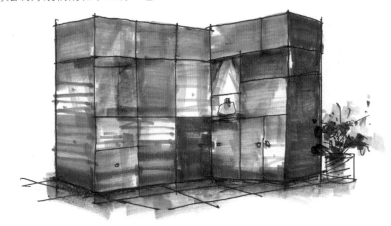

图 4-83　柜子 B 色彩练习 2

3. 柜子 C 手绘上色步骤

STEP 01 ▶ 勾勒出柜子的线稿，如图 4-84 所示。

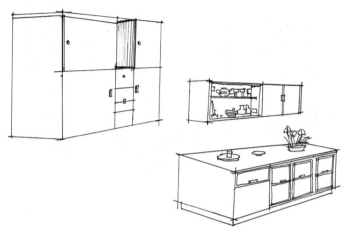

图 4-84　柜子 C 色彩练习 1

STEP 02 ▶ 将绘制好线稿的柜子进行上色，这里使用了两种不同的颜色进行上色，柜子最终效果如图 4-85 和图 4-86 所示。

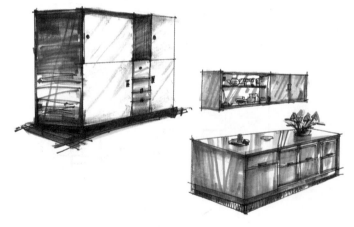

图 4-85　柜子 C 色彩练习 2

图 4-86　柜子 C 色彩练习 3

4.3.4　床组合色彩练习

1. 床 A 手绘上色步骤

STEP01 先用简单的线条，画出床的轮廓，如图 4-87 所示。

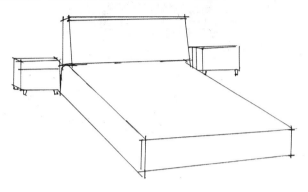

图 4-87　床 A 色彩练习 1

STEP02 进一步绘制床的细节，根据所要绘制的物体特征和材质，使用不同的线条进行表现，如图 4-88 所示。

图 4-88　床 A 色彩练习 2

STEP03 继续绘制床的细节，将床周围的物体画完整，完整线稿的绘制，如图 4-89 所示。

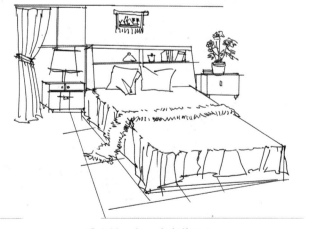

图 4-89　床 A 色彩练习 3

STEP 04 将绘制好线稿的床进行上色，铺出大块的颜色，如图 4-90 所示。

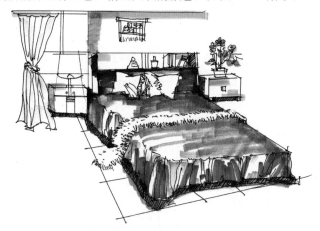

图 4-90　床 A 色彩练习 4

STEP 05 继续添加细节，丰富画面。这里使用了两种不同的颜色进行上色，床的最终效果如图 4-91 和图 4-92 所示。

图 4-91　床 A 色彩练习 5

图 4-92　床 A 色彩练习 6

2. 床 B 手绘上色步骤

STEP 01 勾勒出床的线稿，如图 4-93 所示。

图 4-93　床 B 色彩练习 1

STEP 02 将绘制好线稿的床进行上色，铺出大块的颜色，如图 4-94 所示。

图 4-94　床 B 色彩练习 2

STEP 03 继续添加细节，丰富画面，床的最终效果如图 4-95 所示。

图 4-95　床 B 色彩练习 3

3. 床 C 手绘上色步骤

STEP 01 勾勒出床的线稿，如图 4-96 所示。

图 4-96　床 C 色彩练习 1

STEP 02 将绘制好线稿的床进行上色，铺出大块的颜色，如图 4-97 所示。

图 4-97　床 C 色彩练习 2

STEP 03 继续添加细节，丰富画面，床的最终效果如图 4-98 所示。

图 4-98　床 C 色彩练习 3

4.3.5　窗户组合色彩练习

STEP 01 勾勒出窗户的线稿，如图 4-99 所示。

图 4-99　窗户色彩练习 1

STEP 02 将绘制好线稿的柜子进行上色，窗户最终效果如图 4-100 所示。

图 4-100　窗户色彩练习 2

4.3.6　浴缸组合色彩练习

STEP01▶ 绘制出浴缸的线稿，如图 4-101 所示。

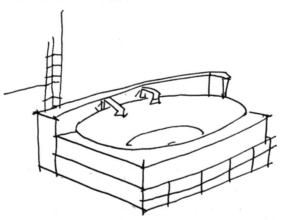

图 4-101　浴缸组合色彩练习 1

STEP02▶ 继续绘制出浴缸的周围的物体，如图 4-102 所示。

图 4-102　浴缸组合色彩练习 2

STEP 03 添加细节，完成线稿的绘制，如图 4-103 所示。

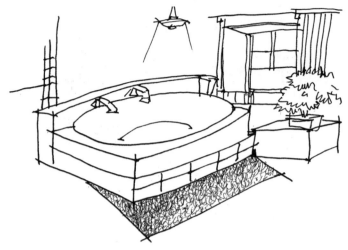

图 4-103 浴缸组合色彩练习 3

STEP 04 将绘制好线稿的浴缸进行上色，铺出各部分大块的颜色，如图 4-104 所示。

图 4-104 浴缸组合色彩练习 4

STEP 05 继续刻画暗部的细节，如图 4-105 所示。

图 4-105 浴缸组合色彩练习 5

STEP06 ▶ 调整局部细节，对画面进行完善，最终效果如图 4-106 所示。

图 4-106　浴缸组合色彩练习 6

4.3.7　茶几组合色彩练习

STEP01 ▶ 绘制茶几的线稿，如图 4-107 所示。

图 4-107　茶几组合色彩练习 1

STEP02 ▶ 将绘制好线稿的茶几进行上色，绘制出大块的颜色，如图 4-108 所示。

图 4-108　茶几组合色彩练习 2

STEP 03 继续调整局部细节，对画面进行完善，最终效果如图 4–109 所示。

图 4-109　茶几组合色彩练习 3

4.3.8　沙发组合色彩练习

STEP 01 沙发轮廓以直线为主，靠垫等较柔软物体多采用较流畅的弧线进行绘制，阴影可以采用密集的线条进行表现。注意构图的节奏与物体之前的统一关系，如图 4–110 所示。

图 4-110　沙发组合色彩练习 1

STEP 02 找准主体色调，先画出沙发的颜色，如图 4–111 所示。

图 4-111　沙发组合色彩练习 2

继续上色，装饰物可以适当用对比色进行点缀，但面积不宜太大，如图 4-112 所示。

图 4-112 沙发组合色彩练习 3

加深阴影部分的色彩，调整画面的统一关系，可以用彩色铅笔处理沙发和软装饰，以表现质感，如图 4-113 所示。

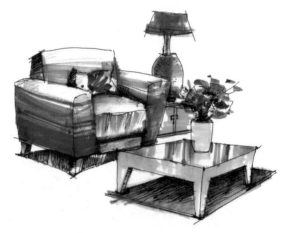

图 4-113 沙发组合色彩练习 4

4.3.9 家具组合和陈设配色练习

家具组合和陈设配色练习，如图 4-114～图 4-124 所示。

图 4-114 家具和陈设组合色彩练习 1

图 4-115　家具和陈设组合色彩练习 2

图 4-116　家具和陈设组合色彩练习 3

图 4-117　家具和陈设组合色彩练习 4

图 4-118　家具和陈设组合色彩练习 5

图 4-119　家具和陈设组合色彩练习 6

图 4-120　家具和陈设组合色彩练习 7

图 4-121　家具和陈设组合色彩练习 8

图 4-122　家具和陈设组合色彩练习 9

图 4-123　家具和陈设组合色彩练习 10

图 4-124　家具和陈设组合色彩练习 11

■ 绘制一组沙发茶几组合，练习使用马克笔进行上色。
■ 绘制一组柜子，练习使用马克笔上色。
■ 绘制一组餐桌，练习使用马克笔上色。

第5章

平面及立面图手绘训练

5.1 厨房手绘平面及立面图练习

作为整体室内设计的一部分，绘制平面图和立面图是家居和公共建筑的基本要求。在室内设计中需要先绘制出房间的平面和立面图，再根据平面和立面图进一步使用手绘或者电脑来绘制出效果图。平面图可以从平面来反映房间的布局，家具的位置搭配和颜色，在绘制上使用少许的颜色即可；立面图可以从立面的方式来表现装饰造型材料的效果。

5.1.1 绘制厨房空间平面图

首先绘制出厨房的平面图，在平面图上可以反映出厨房的布局，如图 5-1 所示。

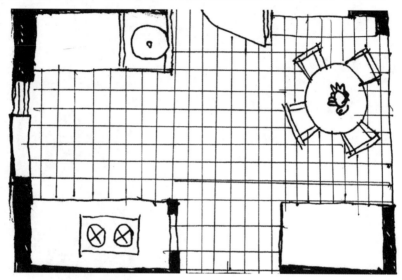

图 5-1　厨房平面图

5.1.2 绘制厨房空间立面图

继续绘制出厨房的立面图，如图 5-2 所示。

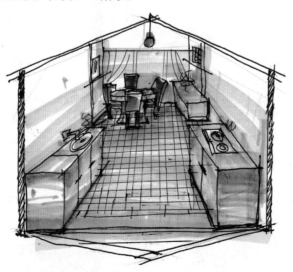

图 5-2　厨房立面图

5.1.3　绘制厨房空间效果图

根据平面图和立面图可以进一步绘制出厨房的空间效果图，如图 5-3 所示。

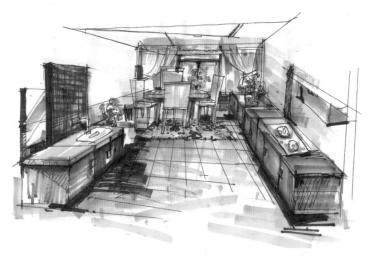

图 5-3　厨房效果图

5.2　客厅手绘平面及立面图练习

5.2.1　客厅 1 空间平面图

客厅一般较为宽敞，在手绘的构图上多选择两点、三点透视，表现纵深可选用俯视作图。平面手绘要注意空间比例的物体位置。

STEP01 首先用钢笔勾画出空间平面图线稿，如图 5-4 所示。

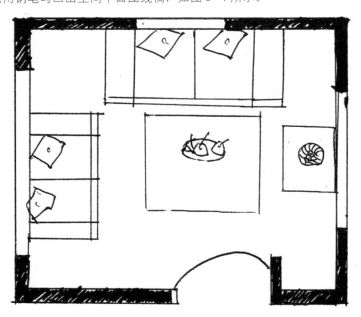

图 5-4　客厅平面图

STEP 02 使用马克笔进行上色，最终效果如图 5-5 所示。

图 5-5　客厅平面图上色

5.2.2　客厅 1 空间立面图

如图 5-6 所示是客厅 1 空间立面图。

图 5-6　客厅立面图

5.2.3 客厅 2 空间平面图

STEP 01 ▶ 首先用钢笔勾画出空间平面图线稿,如图 5-7 所示。

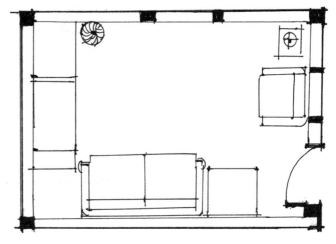

图 5-7 客厅平面图

STEP 02 ▶ 使用马克笔进行上色,这样画面更加直观明了,最终效果如图 5-8 所示。

图 5-8 客厅平面图上色

5.2.4 客厅 2 空间立面图

如图 5-9 所示是客厅 2 空间立面图。

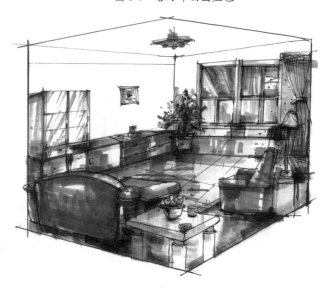

图 5-9 客厅立面图

5.3 卧室手绘平面立面练习

较大的居室空间可考虑把简易沙发和工作台安排在其内，方便个人的兴趣爱好和休息，这种带工作台的居室适宜较明亮的色调。

5.3.1 卧室 1 空间平面图

钢笔勾画出的空间平面图线稿，如图 5-10 所示。

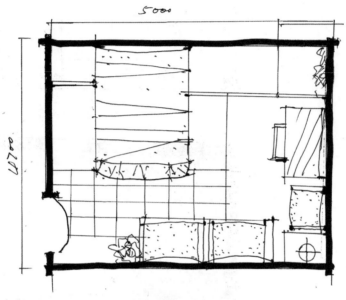

图 5-10　卧室 1 平面图

5.3.2 卧室 1 空间立面图

如图 5-11 所示是卧室 1 空间平面图上色和立面图。

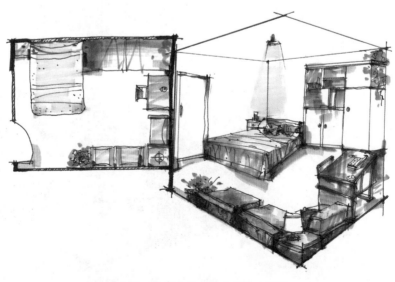

图 5-11　卧室 1 平面图上色和立面图

5.3.3　卧室 2 空间平面图

钢笔勾画出的空间平面图线稿如图 5-12 所示。

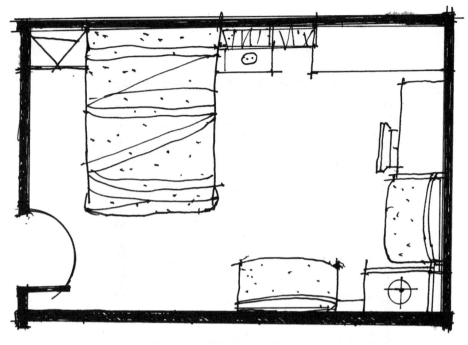

图 5-12　卧室 2 平面图

5.3.4　卧室 2 空间立面图

钢笔勾画出的空间立面图线稿如图 5-13 所示。

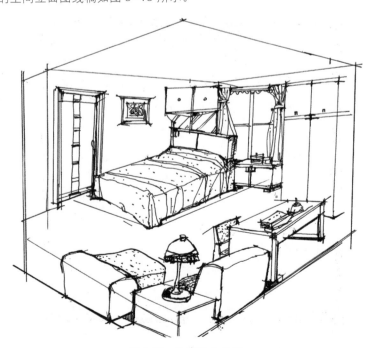

图 5-13　卧室 2 立面图

5.4 单身公寓平面练习

单身公寓的居室大都在 10 平米左右，小空间的居室适合摆放较小的家具。

STEP 01 用钢笔勾画出空间平面图线稿，如图 5-14 所示。

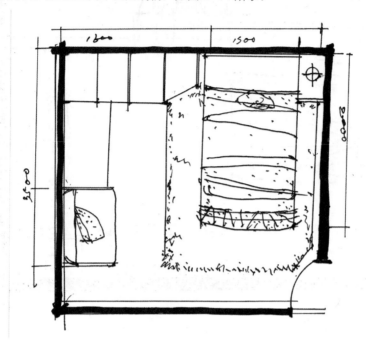

图 5-14 单身公寓平面图

STEP 02 使用马克笔进行上色，最终效果如图 5-15 所示。

图 5-15 单身公寓平面图上色

5.5　单身公寓透视效果图练习

如图 5-16 所示是单身公寓透视效果图。

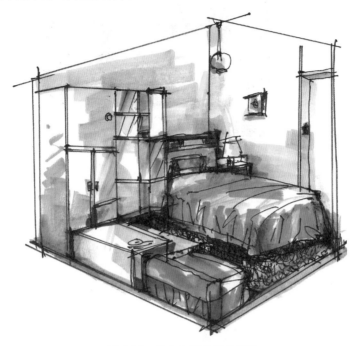

图 5-16　单身公寓透视效果图

5.6　浴室手绘平面立面练习

5.6.1　浴室 1 空间平面图

用钢笔勾画出的空间平面图线稿，再使用马克笔进行上色，如图 5-17 所示。

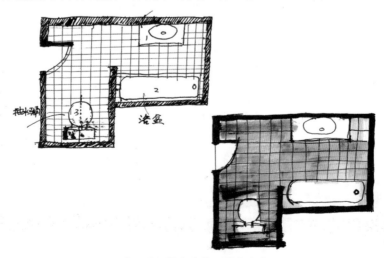

图 5-17　浴室 1 平面图和上色

5.6.2　浴室 2 空间平面图

用钢笔勾画出的空间平面图线稿，再使用马克笔进行上色，如图 5-18 所示。

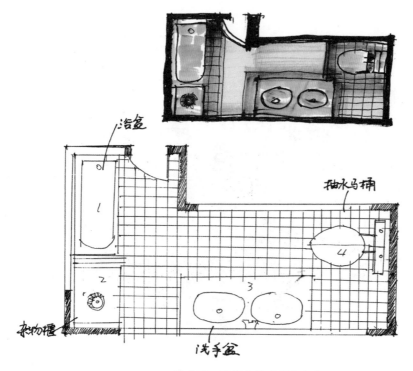

图 5-18　浴室 2 平面图和上色

5.6.3　浴室 3 空间平面图和立面效果图

平面上色图，立面线稿图和立面效果图，如图 5-19 ～ 图 5-21 所示。

图 5-19　浴室平面图上色

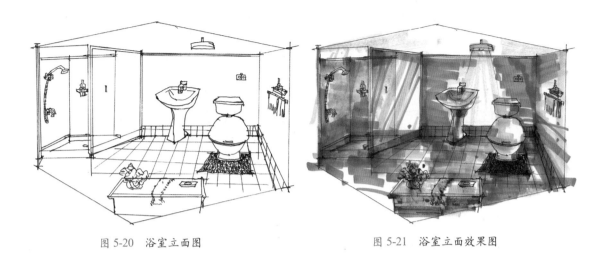

图 5-20 浴室立面图   图 5-21 浴室立面效果图

5.7 家居完整设计方案练习 1

5.7.1 绘制家居平面图

钢笔勾画出的空间平面图线稿如图 5-22 所示。

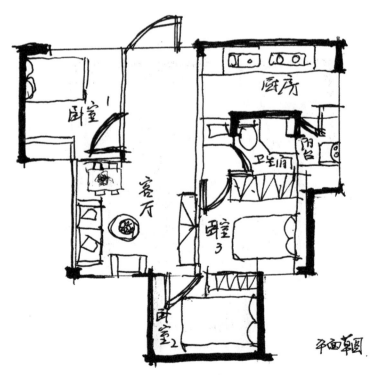

图 5-22 家居平面图

5.7.2 部分家具立面分解图

如图 5-23 所示是部分家具立面分解图。

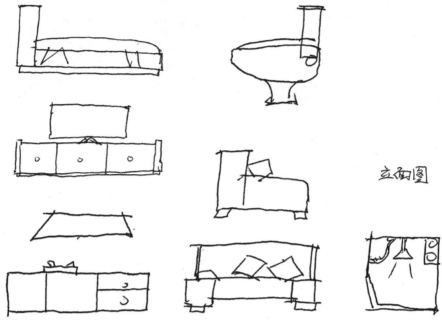

图 5-23 家具立面分解图

5.7.3 家居平面图上色

如图 5-24 所示是家居平面图上色效果。

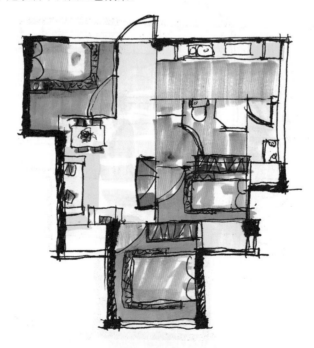

图 5-24 家居平面图上色效果

完成手绘平面图之后，还可以进一步使用 photoshop、CorelDRaw 等软件来绘制出平面图，该图可以作为给客户展示设计方案之用，如图 5-25 所示。

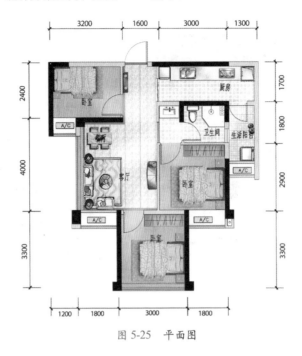

图 5-25 平面图

5.8 家居完整设计方案练习 2

5.8.1 绘制空间平面图

STEP 01 用钢笔勾画出空间平面图线稿，如图 5-26 所示。

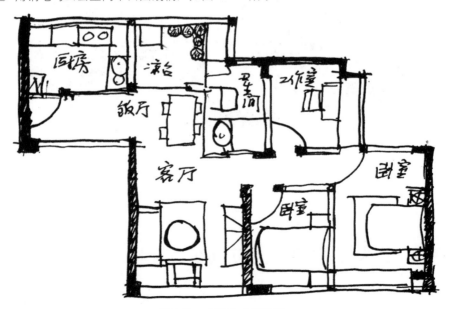

图 5-26 空间平面图线稿

STEP 02 使用软件来绘制出平面图，该图可以作为给客户展示设计方案之用，如图 5-27 所示。

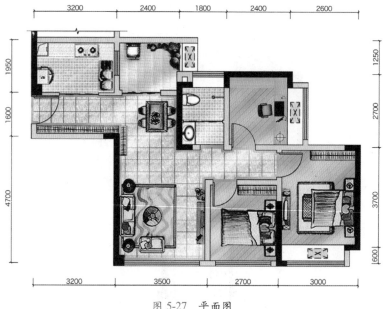

图 5-27 平面图

5.8.2 绘制空间效果图

如图 5-28 所示是手绘空间效果图最终效果。

图 5-28 空间效果图

5.9 办公大楼室内平面立面练习

现代办公大楼的室内空间大都以组合及隔断满足不同的办公需要。如何用手绘方式恰当的设计处理这类空间是室内设计师的重要工作。

在手绘中要注意：

STEP 01 办公室及会议室以直线为主，在色彩中以冷色基调或者中性灰暖调来突出工作的环境。

STEP 02 不宜使用对比强烈的颜色。

STEP 03 为了突出设计效果，也可以选择突出的部分画出局部立面图和效果图。

STEP 04 在绘制过程中将物体的质感和明暗部适当表现出来。

5.9.1 办公大楼室内平面图

用钢笔勾画出的办公大楼室内平面图线稿如图5-29所示。

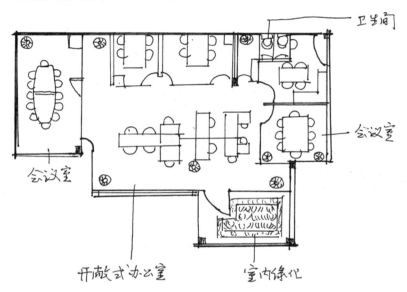

图5-29 办公大楼室内平面图线稿

5.9.2 办公大楼室内平面图上色

如图5-30所示是办公大楼室内平面图上色效果。

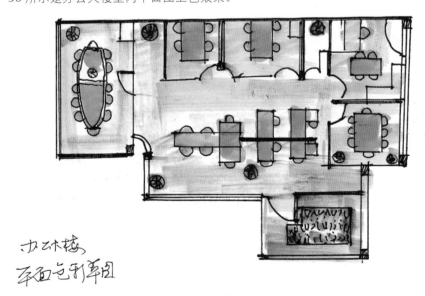

图5-30 办公大楼室内平面图上色

5.9.3　办公大楼立面图

如图 5-31 所示是办公大楼立面图上色效果。

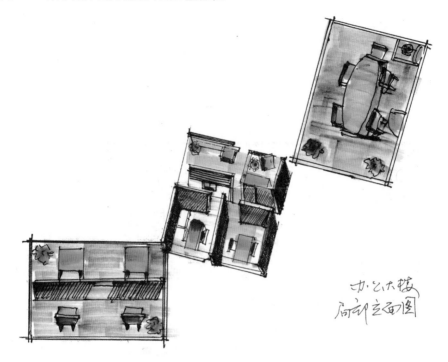

图 5-31　办公大楼立面图上色效果

5.9.4　办公大楼室内局部效果图

如图 5-32 所示是办公大楼室内局部效果图。

图 5-32　办公大楼室内局部效果图

第6章

整体手绘
空间表现

6.1 玄关手绘表现

玄关的概念，起源于过去中式民宅推门而见的"影壁"（或称照壁）。现代家居中，玄关是进入室内后的第一道风景，玄关可以有效地分割室外和室内，避免将室内景观完全暴露，所以说玄关是一块缓冲之地。

在玄关的位置可以摆放如下家具：

STEP01▶ 鞋柜：可以选择平台多夹层的鞋柜，它能维持良好的空气流通，但容易积灰尘，需要随时清洁擦拭。

STEP02▶ 衣帽架：放置一个具有设计感的衣帽架，可以增加空间的趣味，同时能让帽子、大衣等各得其所。

STEP03▶ 玄关桌：玄关桌可以与镜子搭配，在主人出门或客人来访时，可以借玄关整理一下仪态。镜子的造型多选用半圆形或长方形，它的装饰性往往大过于实用性。

玄关的设计形式一般可分为如下几种：

STEP01▶ 低柜隔断式：就是以低柜式成型家具的形式做隔断体，既可储放物品，又起到划分空间的功能。

STEP02▶ 玻璃通透式：是指用大屏玻璃作装饰隔断，或在夹板贴面旁装饰喷砂玻璃、压花玻璃等通透的材料，可以对大空间进行分隔，也能保持整体空间的完整性。

STEP03▶ 格栅围屏式：用带有不同花格图案的透空木格栅屏作隔断，既能产生通透与隐隔的互补作用，又具有古朴雅致的风格。

STEP04▶ 半敞半蔽式：将隔断下部设计为完全遮蔽式。隔断两侧隐蔽无法通透，上端敞开，贯通彼此相连的天花顶棚。隔断墙高度大多为1米5，通过线条的凹凸变化、墙面挂置壁饰或采用浮雕等装饰物的布置，从而达到浓厚的艺术效果。

STEP05▶ 柜架式：也叫半柜半架式。柜架采用上部为通透格架作装饰，下部为柜体；或以左右对称形式设置柜件，中部通透等形式；或用不规则手段，虚、实、散互相融和，以镜面、挑空和贯通等多种艺术形式进行综合设计，以达到美化与实用并举的目的。

玄关手绘表现如图6-1～图6-4所示。

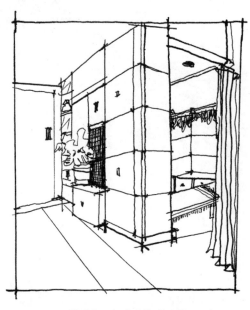

图6-1　玄关手绘表现1

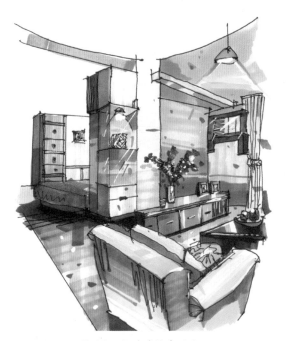

图 6-2　玄关手绘表现 2　　　　　　　　　　　　　图 6-3　玄关手绘表现 3

图 6-4　玄关手绘表现 4

课后练习

■ 绘制玄关手绘表现效果图 2 张。

6.2 客厅手绘表现

客厅是家庭居住环境中最大的生活空间，也是家庭的活动中心，它的主要功能是家庭会客、看电视、听音乐、家庭成员聚会等，是住宅活动中使用频率最高的空间。

客厅家具配置主要有沙发、茶几、电视柜、酒柜及装饰品陈列柜等。由于客厅具有多功能的使用性、面积大、活动多、人流导向相互交替等特点，因此在设计中与卧室等其他生活空间须有一定的区别，设计时应充分考虑环境空间弹性利用，突出重点装修部位。在家具配置设计时应合理安排，充分考虑人流导航线路以及各功能区域的划分。然后再考虑灯光色彩的搭配以及其他各项客厅的辅助功能设计。

客厅的设计风格主要分为现代简约、田园、后现代、中式、欧式古典、地中海、东南亚、美式乡村、日式等风格。客厅的陈设可以体现主人的审美品位，不同的陈设可以体现出主人的爱好和审美品位。

客厅的手绘表现如图 6-5 ～图 6-8 所示。

图 6-5　客厅手绘表现1

图 6-6　客厅手绘表现2

图 6-7　客厅手绘表现3

图 6-8　客厅手绘表现4

课后练习

■ 绘制客厅手绘表现效果图 2 张。

6.3 书房手绘表现

书房，古称书斋，是住宅内作为阅读、书写以及业余学习、研究、工作的空间，是人们结束一天工作之后再次回到办公环境的一个场所。因此，它既是办公室的延伸，又是家庭生活的一部分。书房的双重性使其在家庭环境中处于特殊的地位。

书房的基本设施一般是桌、椅、书柜及电脑等，如图 6-9 ～图 6-11 所示。

图 6-9 书房手绘表现 1

图 6-10 书房手绘表现 2

图 6-11 书房手绘表现 3

以下讲解书房手绘表现的步骤：

STEP 01 选择适当的透视角度进行起稿。注意画面的线条及虚实疏密关系，如图 6-12 所示。

图 6-12 书房手绘表现步骤 1

STEP 02 ▶ 在场景物体较多的情况下，可以先从局部入手，画出大色块。确定画面的基调后，调整出主体和细节的对比关系，如图 6-13 所示。

图 6-13　书房手绘表现步骤 2

STEP 03 ▶ 继续深入进行刻画。要注意把握画面的主次，不需要面面俱到，如图 6-14 所示。

图 6-14　书房手绘表现步骤 3

STEP 04 ▶ 最后对画面进行调整，突出画面重点。注意在内容较多的效果图中，饰品的颜色不要太多，可以选择纯度较高的颜色，但是面积要小，可以反复进行上色，刻画出层次，如图 6-15 所示。

图 6-15　书房手绘表现步骤 4

■ 绘制书房手绘表现效果图 2 张。

6.4　餐厅手绘表现

　　现代家居中，餐厅是家居装修的重要部分。一个好的餐厅装修，除了能让就餐者心情舒畅，增加食欲外，还会使居室增色不少。餐厅的设计与装饰，除了要同居室整体设计相协调这一基本原则外，还需要考虑餐厅的实用功能和美化效果。一般餐厅在陈设和设备上是具有共性的，那就是简单、便捷、卫生、舒适。餐厅主要分为以下形式：

独立式餐厅

　　这是一种比较理想的餐厅格局。特点是可以降低用餐时候外界的干扰，创造出一个安静舒适的环境。照明的位置应该集中在餐桌上面，色彩素雅，光线柔和。墙上可挂风景画、装饰画等作为点缀，如图 6-16 所示。

图 6-16　独立式餐厅手绘表现

通透式餐厅

所谓"通透"，是指厨房与餐厅合并。这样在就餐时，能够充分利用空间，快速简便的进行上菜，如图 6-17 所示。也可以对厨房和餐厅设置隔断，或者让餐桌远离厨具，目的是避免在厨房烹饪时受到干扰。

图 6-17　通透式餐厅手绘表现

共用式餐厅

很多小户型空间都采用客厅或门厅与餐厅共用的形式。餐桌的位置以邻接厨房并靠近客厅最为适当，可以缩短膳食供应和进餐的走动线路，同时也可避免菜汤、食物弄脏地板。餐厅与客厅之间可采用灵活处理，如用壁式家具做闭合式分隔，使用屏风做半开放式的分隔。但需要注意与客厅在格调上保持协调统一，并且不妨碍通行，如图 6-18～图 6-20 所示。

图 6-18　共用式餐厅手绘表现 1

图 6-19　共用式餐厅手绘表现 2

图 6-20　共用式餐厅手绘表现 3

课后练习

■ 绘制餐厅手绘表现效果图 2 张。

6.5　厨房手绘表现

　　厨房是居住者进行炊事活动的空间，泛指用来烹饪的地方。拥有一个精心设计、舒适优雅的厨房会让我们心情变得轻松愉快。厨房装修首先要注重它的功能性。打造温馨舒适厨房，一要视觉干净清爽，二要有舒适方便的操作中心。橱柜要考虑科学性和舒适性。灶台的高度，灶台和水池的距离，冰箱和灶台的距离，择菜、切菜、炒菜、熟菜最好都有各自的空间，橱柜要设计抽屉，三要有情趣。另外，随着科技进步，厨房的科技含量也越来越高，现代化电器的使用使人们的劳动变得轻松有趣，厨房手绘表现如图 6-21 ～图 6-23 所示。

图 6-21　厨房手绘表现 1

图 6-22　厨房手绘表现 2

图 6-23　厨房手绘表现 3

 课后练习

■ 绘制厨房手绘表现效果图 2 张。

6.6　卧室手绘表现

　　卧室又被称作卧房、睡房，分为主卧和次卧，是供人在其内睡觉、休息或进行活动的房间。卧房不一定有床，不过至少有可供人躺卧之处。有些房子的主卧房有附属浴室。卧室布置的好坏，直接影响到人们的生活、工作和学习，因此卧室成为家庭装修设计的重点之一。在设计时，人们首先注重实用，其次是装饰。卧室的布局直接影响一个家庭的幸福、夫妻的和睦、身体健康等诸多元素。好的卧室格局不仅要考虑物品的摆放、方位，整体色调的安排以及舒适性也都是不可忽视的环节，如图 6-24 所示。

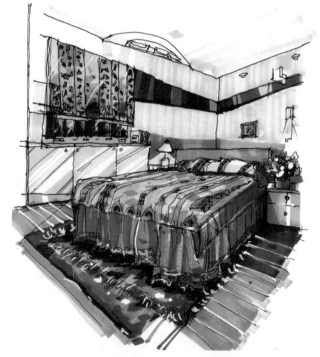

图 6-24　卧室手绘表现

以下以卧室为例，讲解卧室手绘表现的步骤：

STEP 01 ▶ 用钢笔线稿描绘场景，如图 6-25 所示。

图 6-25　卧室手绘表现步骤 1

STEP 02 ▶ 使用马克笔画出主要的形体关系，使用大色块区画出各个物体的固有色。注意考虑光源的位置，并且留出各物体高光的位置，如图 6-26 所示。

图 6-26　卧室手绘表现步骤 2

STEP 03 ▶ 用马克笔深入塑造画面，增强画面的层次感，加强色彩的丰富性，如图 6-27 所示。

图 6-27 卧室手绘表现步骤 3

STEP 04 ▶ 对画面的细节进行深入刻画，调节画面的整体关系，如图 6-28 所示。

图 6-28 卧室手绘表现步骤 4

■ 绘制卧室手绘表现效果图 2 张。

6.7　商业空间手绘表现

6.7.1　办公空间手绘表现

办公空间按照使用性质可以分为：

1. 办公用房

办公建筑室内空间的平面布局形式取决于办公楼本身的使用特点、管理体制、结构形式等，办公室的类型可分为：小单间办公室、大空间办公室、单元型办公室、公寓型办公室、景观办公室等，此外，绘图室、主管室或经理室也可属于具有专业或专用性质的办公用房。

2. 公共用房

公共用房为办公楼内外人际交往或内部人员聚会、展示等用房，如会客室、接待室、各类会议室、阅览展示厅、多功能厅等。

3. 服务用房

服务用房为办公楼提供资料、信息的收集、编制、交流、贮存等用房，如资料室、档案室、文印室、电脑室、晒图室等。

4. 附属设施用房

附属设施用房为办公楼工作人员提供生活及环境设施服务的用房，如开水间、卫生间、电话交换机房、配电间、机房、锅炉房以及员工餐厅等。

办公空间设计需要考虑多方面的问题，涉及科学、技术、人文、艺术等诸多因素。办公空间室内设计的最大目标就是要为工作人员创造一个舒适、方便、卫生、安全、高效的工作环境，以便更大限度地提高员工的工作效率。这一目标在当前商业竞争日益激烈的情况下显得更加重要，它是办公空间设计的基础，是办公空间设计的首要目标，如图 6-29、图 6-30 所示。

图 6-29　办公空间手绘表现 1

图 6-30　办公空间手绘表现 2

课后练习

- 绘制办公空间手绘表现效果图 2 张。

6.7.2　餐厅空间手绘表现

餐厅是在一定的场所，公开地对一般大众提供食品、饮料等餐饮的设施或公共餐饮屋。餐厅装修在讲究实用的基础上，可以加入各种装饰以增加情调。富有格调的餐厅装修，全由餐厅内部所有角落经过细致打理和装饰而成，并非简单的堆砌，如图 6-31 ～图 6-33 所示。

图 6-31　餐厅空间手绘表现 1

图 6-32　餐厅空间手绘表现 2

图 6-33　餐厅空间手绘表现 3

课后练习

■ 绘制餐厅手绘表现效果图 2 张。

6.7.3　酒店大堂空间手绘表现

酒店的大堂是宾客出入的必经之地，是接待客人的第一个空间，也是使客人对酒店产生第一印象的地方。酒店的大堂是宾客办理手续、咨询、礼宾的场所，是通向酒店其他主要公共空间的交通中心，是整个酒店的枢纽，其设计布局以及所营造出的独特氛围，将直接影响酒店的形象与其本身功能的发挥。

大堂设计应遵循酒店"以客人为中心"的经营理念，注重给客人带来美的享受，创造出宽敞、华丽、轻松的气氛。其设计内容包括：

①大堂空间关系的布局；②大堂环境的比例尺度；③大堂内所设服务场所的家具及陈设布置、设备安排；④大堂采光；⑤大堂照明；⑥大堂绿化；⑦大堂通风、通讯、消防；⑧大堂色彩；⑨大堂安全；⑩大堂材质效果（注重环保因素）；⑪大堂整体氛围等。除上述相关内容外，大堂空间的防尘、防震、吸音、隔音以及温湿度的控制等，均应在设计时加以关注。因此，大堂设计时，应将满足其各种功能要求放在首位，如图 6-34 所示。

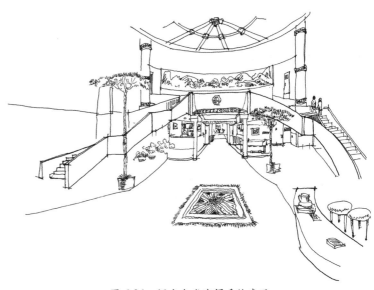

图 6-34　酒店大堂空间手绘表现

以下以酒店大堂为例，讲解手绘表现的步骤：

STEP 01 ▶ 使用钢笔线稿描绘出场景，如图 6-35 所示。

图 6-35　酒店大堂手绘表现步骤 1

图 6-36　酒店大堂手绘表现步骤 2

STEP 02 ▶ 使用马克笔用较大的笔触绘制出物体的固有色部分，注意留出物体的高光部分，考虑好光源的方向，如图 6-36 所示。

STEP 03 深入塑造画面，以增强画面层次，如图 6-37 所示。

STEP 04 用马克笔画出物体的暗部，表现出物体的高光，体现出物体的质感，最后对整体关系进行调节，如图 6-38 所示。

图 6-37　酒店大堂手绘表现步骤 3　　　　图 6-38　酒店手绘表现步骤 4

■ 绘制酒店大堂手绘表现效果图 2 张。

6.7.4　优秀商业空间手绘作品欣赏

优秀商业空间手绘作品欣赏如图 6-39 ～图 6-44 所示。

图 6-39　服装店手绘表现

图 6-40　图书馆手绘表现

图 6-41　商场手绘表现 1

图 6-42　商场手绘表现 2

图 6-43　商场手绘表现 3

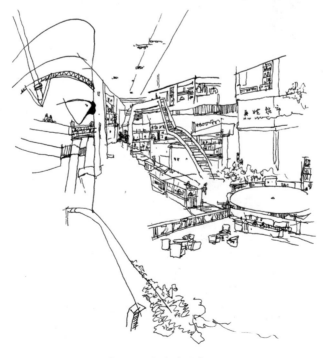

图 6-44　超市手绘表现